石油石化现场作业安全检查系列丛书

临时用电安全检查

中国石油化工股份有限公司炼油事业部
青岛诺诚化学品安全科技有限公司 组织编写

中国石化出版社

内 容 提 要

本书是《石油石化现场作业安全检查系列丛书》之一，以现行标准规范为基础，结合现场安全管理经验编制，全书分为电工资质审查及用电设备准入、临时用电组织设计及方案、配电线路、配电箱及开关箱、接地和防雷、电动施工机械和手持式电动工具及照明等七个部分。

本书采用口袋书的形式，图文并茂地将现场安全作业标准以正反两方面案例的形式展示出来，特别适合作为石油石化行业和建筑行业施工现场作业负责人（包括班组长）、安全管理人员、监护人以及作业人员的培训教材。

图书在版编目（CIP）数据

临时用电安全检查 / 中国石油化工股份有限公司炼油事业部，青岛诺诚化学品安全科技有限公司组织编写. —北京：中国石化出版社，2019.8（2022.9重印）
（石油石化现场作业安全检查系列丛书）
ISBN 978-7-5114-5471-3

Ⅰ.①临… Ⅱ.①中… ②青… Ⅲ.①安全用电－安全检查 Ⅳ.①TM92

中国版本图书馆CIP数据核字(2019)第155935号

中国石化出版社出版发行

地址：北京市东城区安定门外大街58号
邮编：100011　电话：(010) 57512500
发行部电话：(010) 57512575
http://www.sinopec-press.com
E-mail:press@sinopec.com
北京富泰印刷有限责任公司印刷
全国各地新华书店经销
*
787 × 1092毫米32开本2印张24千字
2019年8月第1版　2022年9月第3次印刷
定价：20.00元

编写人员

主　　编：刘　洋

编写人员：刘　洋　王绪鹏　谷　涛

马景涛　王君宝　李洪伟

前　言

石油石化现场作业涉及多工种、多层次的统筹管理，管理界面复杂，且存在大量高风险作业。安全检查作为一种现场使用最普遍的安全管理手段，可有效发现和消除隐患、落实安全措施、预防事故发生，特别是在现场直接作业环节管理方面起到了关键性作用。

为了提高现场安全检查针对性及专业性，实现安全检查标准化，中国石油化工股份有限公司炼油事业部和青岛诺诚化学品安全科技有限公司依据国家法规、标准，在总结中国石化多年成功安全管理经验、标准化做法和事故案例基础上，编写了《石油石化现场作业安全检查系列丛书》。该丛书以图文并茂的形式将现场高风险作业环节、设备的安全检查要点以正反两方面案例的形式展示出来。一方面用以规范现场安全管理，并实现安全检查标准化，解决因个体安全知识不足带来的管理不确定性和管理标准混乱的难题；另一方面“典型违章案例”与“检查要点”配合使用，强化了现场管理人员和操作人员履职尽责、规范操作的警示作用，同时也为检查人员迅速准确地发现违章行为和违章状态，提高现场安全检查水平提供了逼真直观的教材。

本书是《石油石化现场作业安全检查系列丛书》的分册之一，主要参考 GB 50484—2008《石油化工建设工程施工安全技术规范》、GB 50194—2014《建设工程施工现场供用电安全规范》、SH/T 3556—2015《石油化工工程临时用电配电箱安全技术规范》及 JGJ 46—2005《施工现场临时用电安全技术规范（附条文说明）》编制。内容涵盖电工资质审查及用电设备准入、临时用电组织设计及方案、配电线路、配电箱及开关箱、接地和防雷、电动施工机械和手持式电动工具及照明等。

由于编写水平和时间有限，本书内容尚存不足之处，敬请各位读者指正并提出宝贵意见。

目 录

1 电工资质审查及用电设备准入

1.1 电工资质审查

（1）配送电单位送（停）电作业人员和施工单位安装临时线路的电气作业人员应持有有效电工作业证。

（2）电工的特种作业操作证应在有效期内，并及时复审。

（3）施工单位电工特种作业操作证必须经监理或项目主管部门审查。

（4）安装、维修、拆除临时用电设备和线路应由电工操作，并有人监护，做好工作记录。

标准化案例

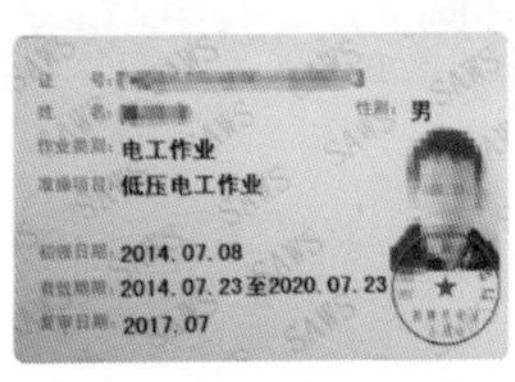

准操项目分为高压电工作业、低压电工作业及防爆电气作业

1.2 用电设备准入制度

（1）配电箱和开关箱内电气元件应完好且排列整齐，标明电气回路及负荷能力，配线应绝缘良好，绑扎成束，并固定在盘内，盘面操作部位不得有带电体明露；总配电箱经承包商自检后，报监理或项目主管部门验收，在《配电箱检查合格证》上签字确认后方可投入使用，《配电箱检查合格证》应张贴在总配电箱面板上。

☑ 标准化案例

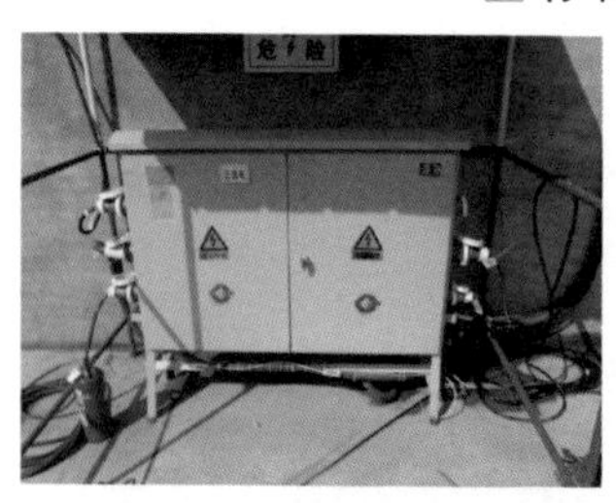

⊘违章案例

漏电保护器的额定漏电动作电流 50mA（大于 30mA）

接地线串接

（2）入场的所有电气设备要求外观良好、配置齐全、性能可靠，进场使用前应经施工单位、监理检验合格后，黏贴《设备机具检查合格标签》后方可使用。每个季度重新检验一次，黏贴相应季度《设备机具检查合格标签》。

☑标准化案例

⊘违章案例

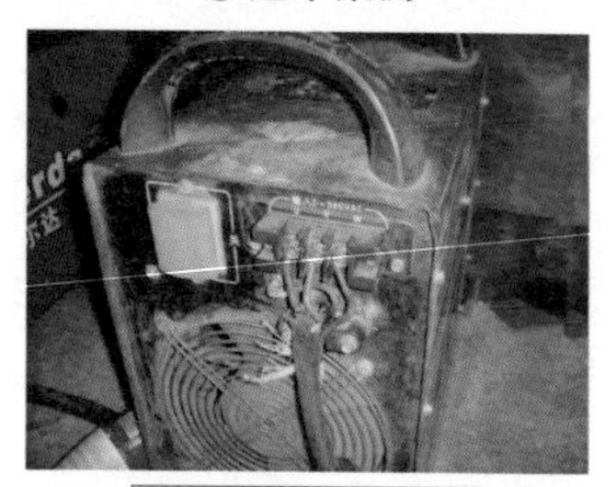

转动机构防护罩缺失

电焊机电源端子排裸露、防护罩缺失

2 临时用电组织设计及方案

（1）施工现场临时用电设备在5台及以上或设备总容量在50kW及以上者，应编制用电组织设计。

（2）施工现场临时用电设备在5台以下和设备总容量在50kW以下者，应制定安全用电和电气防火措施，并按规定报验。

（3）检修、施工使用6kV及以上临时电源，用电单位需编制临时用电方案，向单位电气主管部门提出申请，按照《中国石化电气设备及运行管理规定》要求办理。

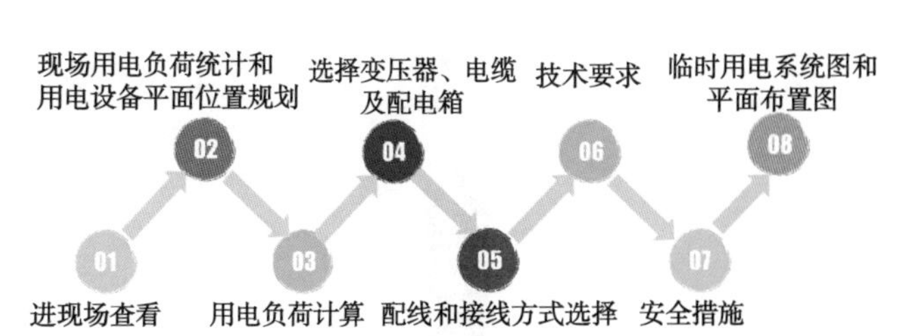

临时用电组织设计

3 配电线路

3.1 电缆线路

（1）施工电缆应包含全部工作芯线和保护芯线。五芯电缆必须包含相线，L1、L2、L3 相序的绝缘颜色依次为黄色、绿色、红色；淡蓝色芯线必须用作 N 线；绿 / 黄双色芯线必须用作 PE 线，严禁混用。

标准化案例

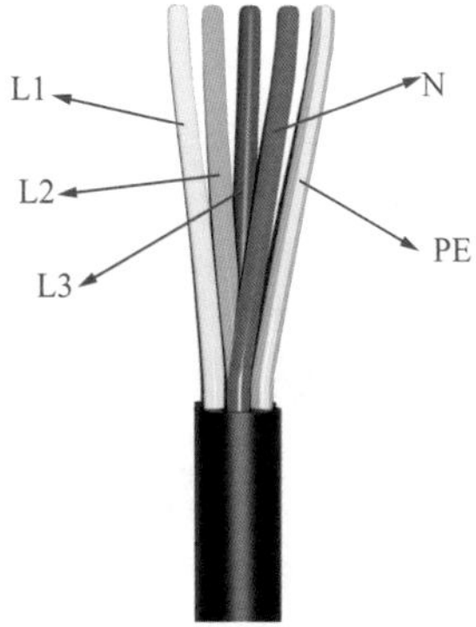

L1
L2
L3
N
PE

⊘违章案例

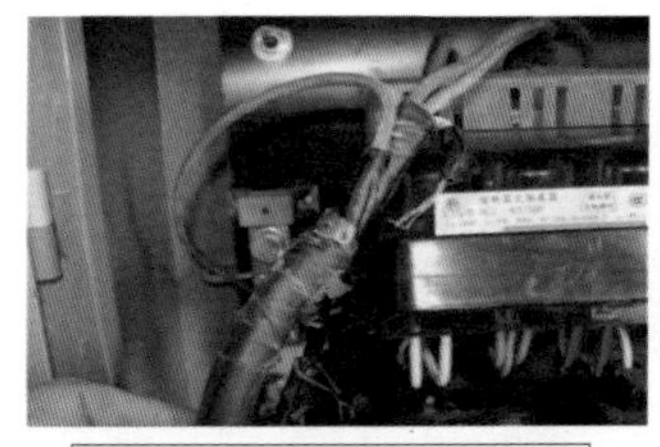

电缆线无 PE 线（PE 线假接）

电缆线用信号线代替

严禁使用单根散线组合电缆

电缆线破损严重

（2）单相用电设备应采用三芯电缆，三相动力设备应采用四芯电缆，三相四线制配电的电缆线路和动力、照明合一的配电箱应采用五芯电缆。

☑标准化案例

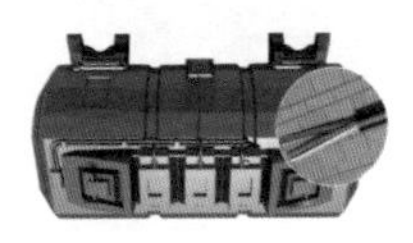

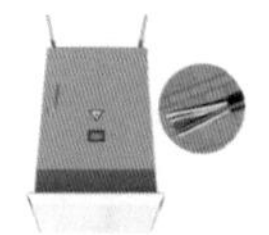

⊘违章案例

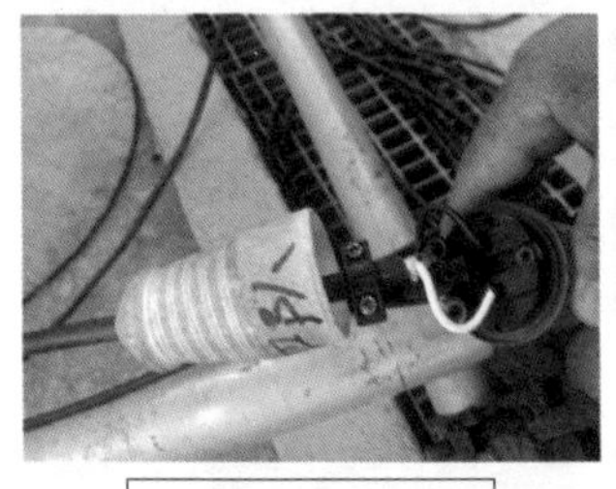

电源线使用二芯电缆

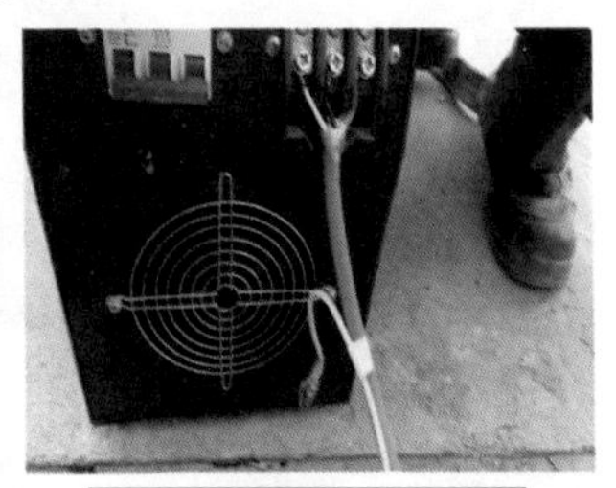

电焊机违规使用三芯电缆

（3）电缆线路应采用埋地或架空敷设，线路不得随意摆放，不得沿地面直接敷设，避免机械损伤和介质腐蚀，不得浸泡在水中。

☑标准化案例

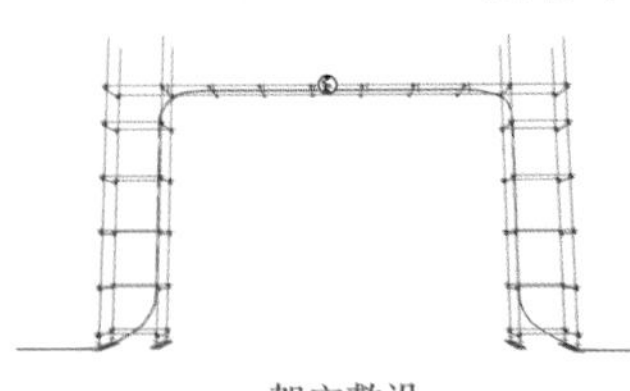

架空敷设

埋地敷设

⊘违章案例

电缆线浸泡在水中

过路电缆未防护

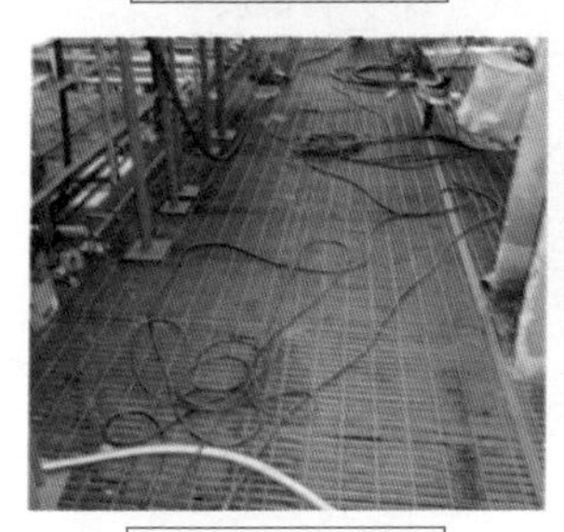

电缆线未架空敷设

电缆线未架空、被车辆碾压

（4）特殊情况下，临时电缆只能沿地面敷设时，应采取套管、电缆过路保护板等可靠有效的安全防护设施，保护管的管径不得小于电缆外径的 1.5 倍，管口应密封。

电缆套管保护

电缆过路保护板

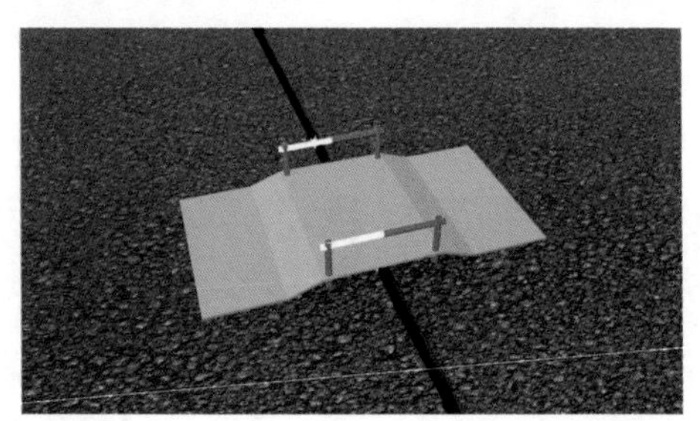

电缆保护桥

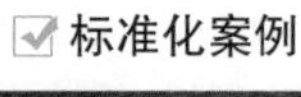

标准化案例

套管管口密封

⊘违章案例

电缆套管防护不规范

3.2 架空线路

（1）架空敷设宜选用无铠装电缆。电缆架空敷设时，应沿道路路边、建筑物边缘或主结构架设，并使用坚固支架支撑。

（2）电缆与支架之间应采用绝缘物可靠隔离，绑扎线应采用绝缘线。

标准化案例

⊘ 违章案例

电缆线快速接头违规悬挂在空中

电缆线未做绝缘隔离直接缠绕在栏杆上

（3）电缆架空敷设，最大弧垂与地面距离，在施工现场不小于2.5m，穿越机动车道不小于5m。

☑ 标准化案例

违章案例

施工现场电缆敷设高度不足

电缆无限高标识

3.3 埋地敷设线路

（1）电缆直埋时，低压电缆埋深不应小于 0.3m；高压电缆和人员车辆通行区域的低压电缆，埋深不应小于 0.7m。电缆上下应铺以软土或砂土，厚度不得小于 100mm，并应盖砖等硬质保护层。

☑ 标准化案例

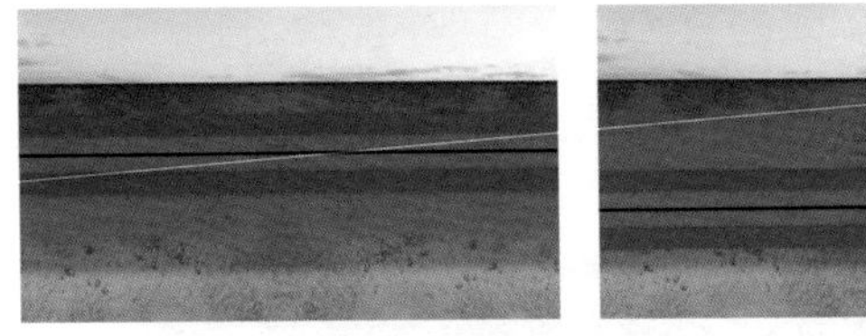

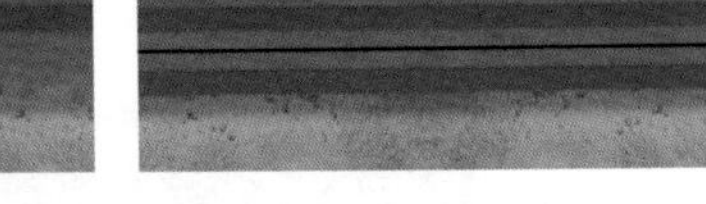

⊘ 违章案例

电缆线直埋敷设深度达不到要求

（2）电缆接头应进行绝缘包扎，并应采取防雨和保护措施；电缆接头不得设置于地下。

☑ 标准化案例

⊘ 违章案例

（3）电缆直埋时，转弯处和直线段宜每隔 20m 处在地面上设置明显的走向标志。

☑ 标准化案例

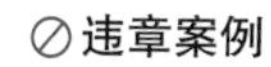

电缆直埋标识不清

4 配电箱及开关箱

（1）配电箱根据供配电需要宜分为总配电箱、分配电箱、开关箱三级。

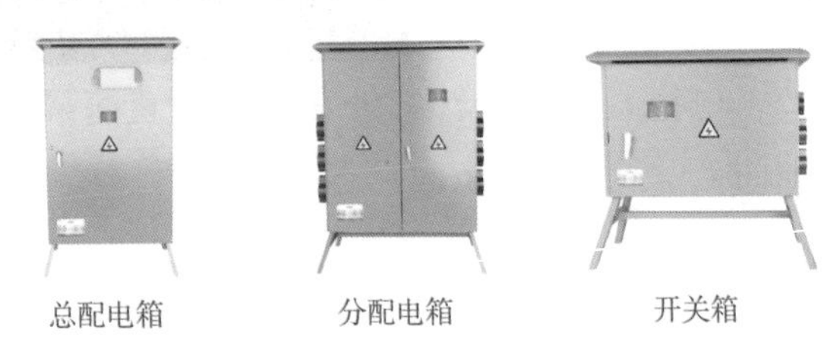

总配电箱　　分配电箱　　开关箱

（2）总配电箱以下可设若干分配电箱，分配电箱以下可设若干开关箱。

（3）总配电箱应设在靠近电源的区域，分配电箱应设在用电设备或负荷相对集中的区域，分配电箱与开关箱的距离不得超过30m，开关箱与其控制的固定式用电设备的水平距离不宜超过3m。

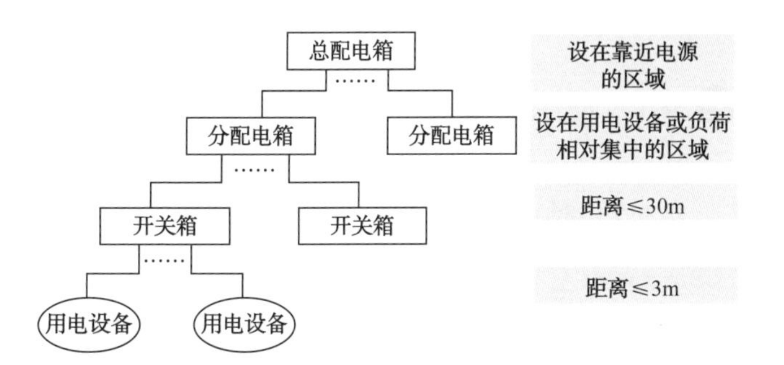

标准化案例

违章案例

手持电动工具延长线硬连接违反规范设备到末级箱距离

4.1 通用要求

4.1.1 标识

（1）配电箱箱门醒目部位应有安全用电标识“⚡”；箱体正面宜有用户标志，并根据用户要求在用户标志上方标识单位简称及管理编号。

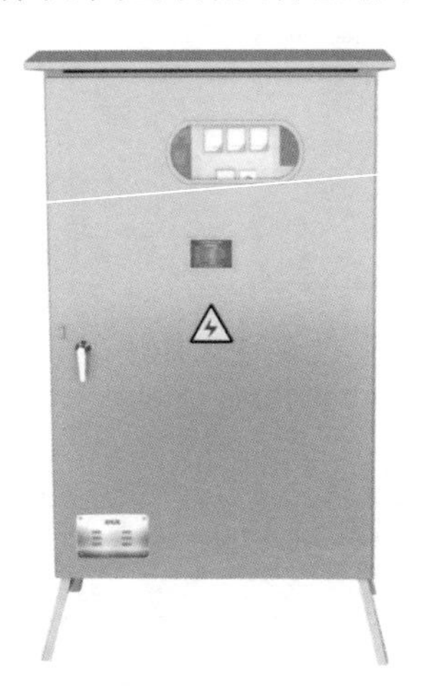

（2）配电箱、开关箱应有名称、用途、分路标记及系统接线图。

系统接线图及分路标记

（3）箱体上应有铭牌，铭牌内容包括：

a. 配电箱名称；

b. 制造商名称；

c. 产品型号和出厂编号；

d. 制造年月；

e. 防护等级；

f. 主要技术参数（电压、电流）。

4.1.2 结构设计

（1）配电箱由箱体外壳、固定电气的元件板、防护门板、能开启的配电箱门板、支腿和防雨顶帽等功能元件组成。

（2）落地式配电箱应垂直放置，固定牢固，配电箱底部应高出地面 300mm 以上。

☑ 标准化案例

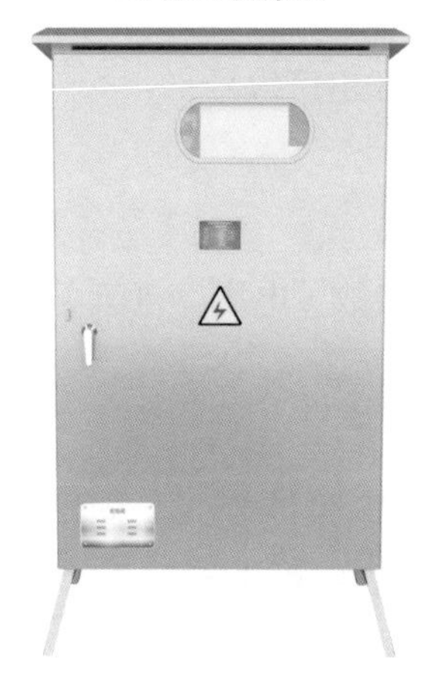

⊘ 违章案例

配电箱置于陡坡边缘

配电箱放置不牢固

4.1.3 进出线设施

（1）箱底应预留电缆进出线孔，进出线孔应镶有橡胶护圈，配电箱的进线电缆应从箱底电缆孔穿入，并设置进出线的固定装置；电源进线端严禁采用插头和插座做活动连接。

☑ 标准化案例

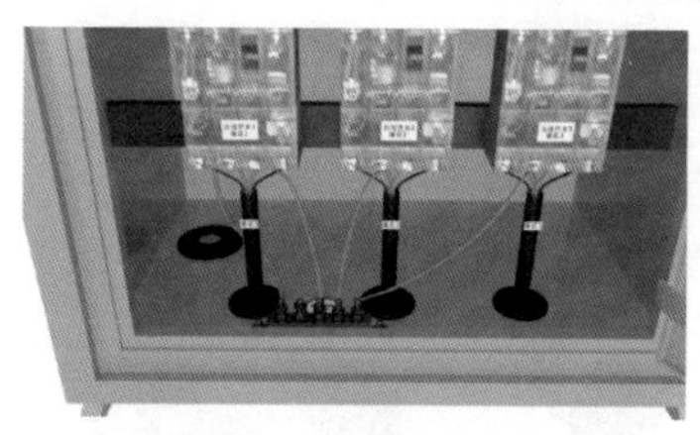

电缆进出口处有橡胶护圈防护

设置进出线固定装置

⊘违章案例

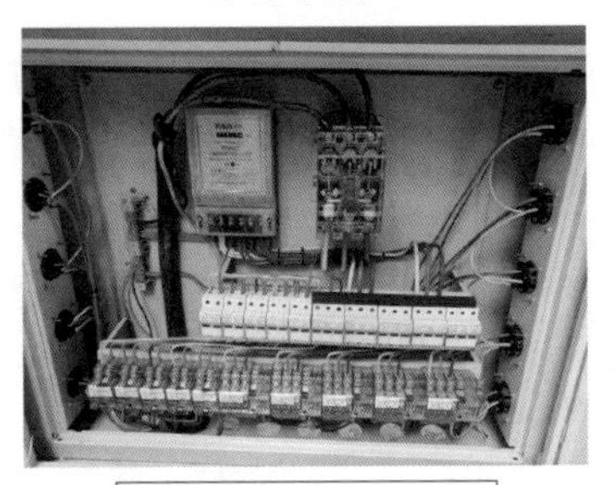

配电箱进出线孔洞未封堵

（2）出线口应在箱体下方或侧面，设置在侧面时应采用工业防水斜面插座连接，不得在箱体的上方和门缝处接入电缆；所有工业防水插排应提供配套插头，不得使用民用插座和插头；施工现场禁止违规使用拖线盘。

☑标准化案例

⊘违章案例

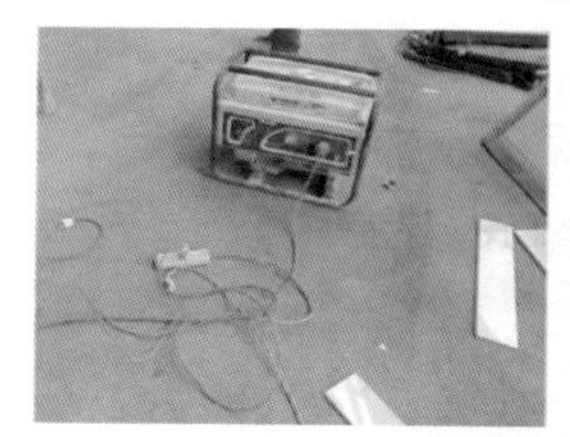

严禁使用民用插排插座

禁止违规使用拖线盘

（3）配电箱的进线和出线不得承受外力，线口应配置固定线卡，进出线应加绝缘护套并成束卡固在箱体上，不得与箱体直接接触。

（4）配电箱和开关箱内隔离电器应设置在电源进线端。

4.1.4 电击防护

（1）配电箱内应分设工作零线（N 线）端子板和保护零线（PE 线）端子板，N 线和 PE 线端子板应有明显标志，位置应明显可见，方便接线，N 线端子板应与箱体绝缘。

标准化案例

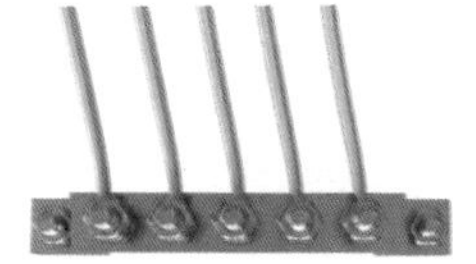

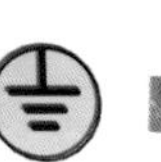

PE 线端子板

N 线端子板

⊘ 违章案例

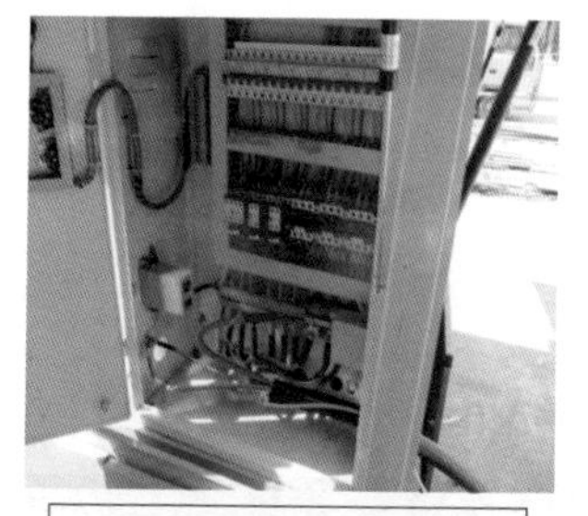

配电箱无 N 线、PE 线端子板

PE 线违规接入 N 线端子板

（2）配电箱的金属箱体、金属电器安装板以及电气正常不带电的金属底座应通过 PE 线端子板与 PE 线做电气连接；金属箱门与金属箱体之间应采用编织软铜线做电气连接，连接线应留有一定的长度余量。

☑ 标准化案例

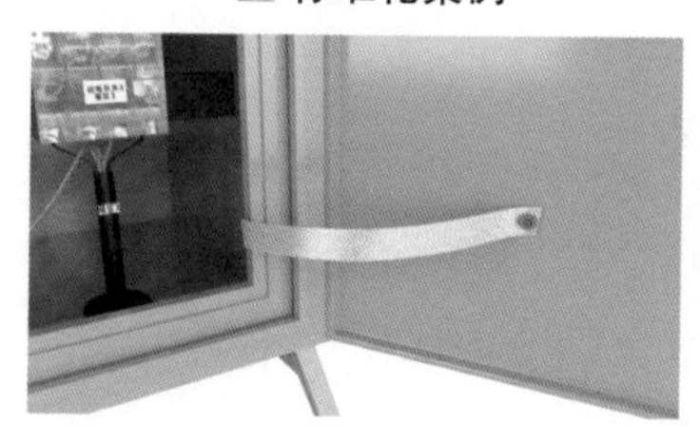

⊘ 违章案例

箱门与箱体未做电气连接

（3）配电箱的N线与PE线端子板上应配置与进出线电缆规格相适应的连接孔和镀锌连接螺栓，每个连接螺栓的保护零线或工作零线接线均不得超过两根，不得虚接。

⊘违章案例

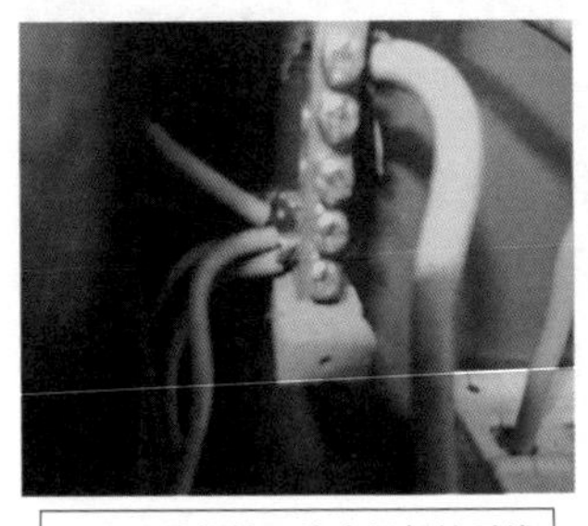

一个连接螺栓上接多根保护零线

PE线端子排直接采用缠绕方式

4.1.5 内部防护板

（1）配电箱宜在隔离开关断路器的外侧装隔离护板，开关和断路器的操作手柄应露出隔离护板。

（2）未设置内部防护板时，配电箱的接线母排、接头等带电部位，须用绝缘胶带、塑料隔离罩、有机玻璃挡板等合格的绝缘材料进行隔离防护。

4.2 配电箱内部设置

4.2.1 总配电箱

（1）总配电箱应装设总隔离电器、总断路器和分路隔离电器、分路漏电断路器以及电源电压、电流指示装置等；当总断路器采用漏电断路器时，分路断路器可不带漏电保护功能；总配电箱出线回路不宜直接为用电设备供电。

（2）总配电箱中漏电保护器的额定漏电动作电流应大于 30mA，额定漏电动作时间应大于 0.1s，但其额定漏电动作电流与额定漏电动作时间的乘积不应大于 30mA·s。选择不大于 150mA/0.2s 为宜。

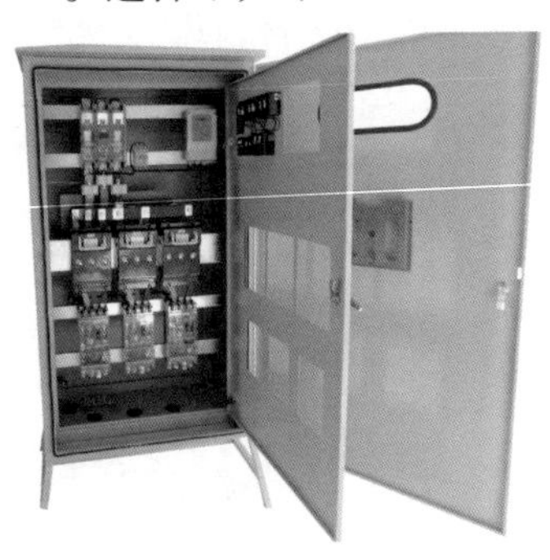

4.2.2 分配电箱

（1）分配电箱应装设总隔离电器、总断路器和分路隔离电器、分路漏电断路器。分配电箱除向开关箱供电之外，也可向三相用电设备和单相用电设备供电。

（2）当为开关箱供电时，漏电保护器的额定漏电动作电流宜大于或等于 1.5 倍开关箱，分配电箱中漏电保护器的额定漏电动作时间不应大于 0.1s。

（3）当为用电设备供电时，应选择漏电保护器额定漏电动作电流不得大于 30mA，额定漏电动作时间不得大于 0.1s。在潮湿、有腐蚀介质场所和受限空间采用的漏电保护器，其额定漏电动作电流不得大于 15mA，额定漏电动作时间不得大于 0.1s。

4.2.3 开关箱

（1）开关箱内应配置隔离电器和漏电断路器。

（2）开关箱中漏电保护器的额定漏电动作电流

不得大于 30mA，额定漏电动作时间不得大于 0.1s；在潮湿、有腐蚀介质场所和受限空间采用的漏电保护器，其额定漏电动作电流不得大于 15mA，额定漏电动作时间不得大于 0.1s。

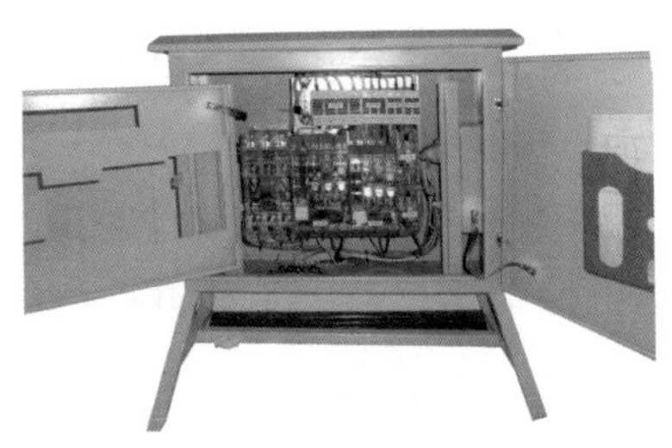

4.3 配电箱管理

（1）配电箱应有专人管理，电工应每日巡检，巡检次数不少于两次，并在配电箱日检查表上签字。

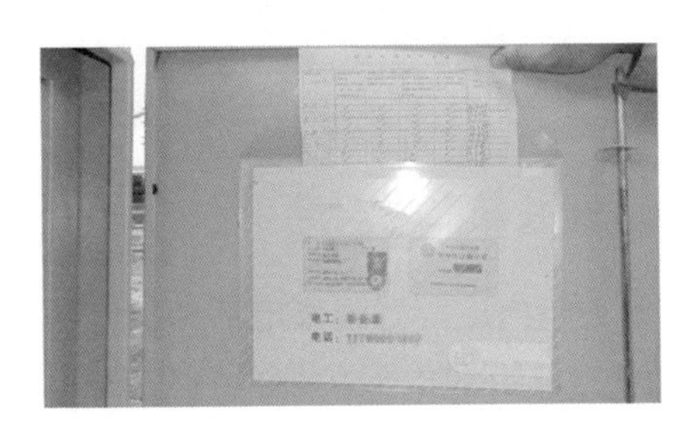

（2）配电箱应黏贴“有电危险”“小心触电”“严禁烟火”等安全警示标志，配备灭火器、悬挂安全操作规程。

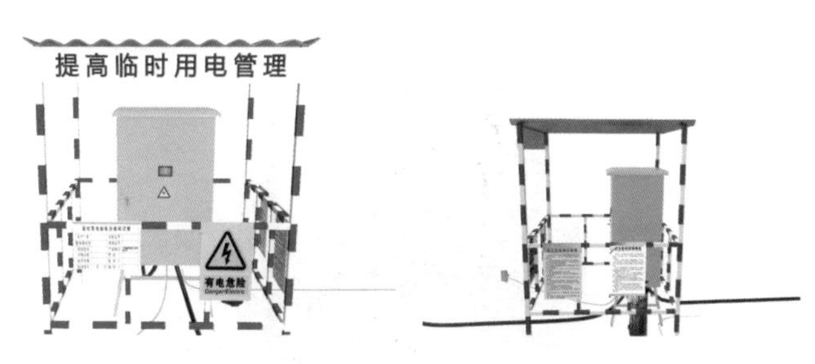

（3）总配电箱和分配电箱使用前应进行安装固定，并设置防护棚，开关箱应直立稳固放置。

⊘违章案例

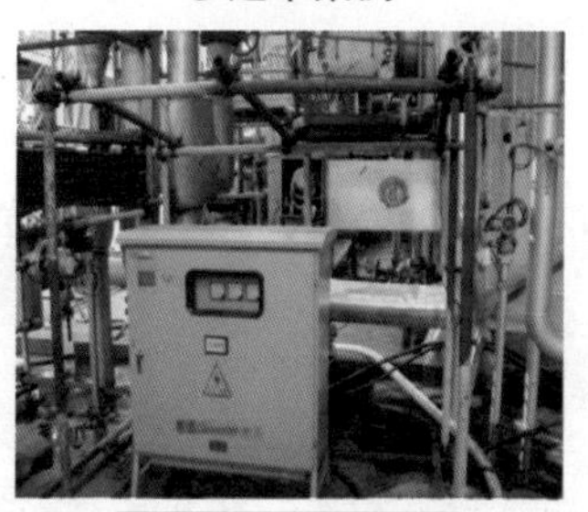

配电箱未做防雨措施

（4）配电箱、开关箱周围不得堆放任何妨碍操作和维修的物品，也不得堆放易燃易爆、潮湿或腐蚀性物体，应有足够两人同时工作的空间和通道。

（5）配电箱、开关箱内不得放置杂物。

配电箱内放置杂物

（6）用电设备应执行“一机一闸一保护”控制保护的规定，严禁一个开关控制两台（条）及以上用电设备（线路）。

⊘ **违章案例**

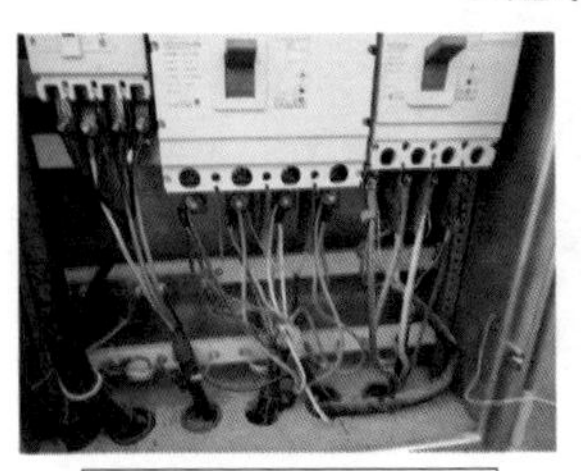

一个开关控制多条回路

违规使用一插多用插头

（7）对配电箱、开关箱进行定期维修、检查时，必须将其前一级相应的电源隔离开关分闸断电，并悬挂“禁止合闸，有人工作”停电标志牌，严禁带电作业。

（8）配电箱应按下列顺序操作：

送电操作顺序：总配电箱—分配电箱—开关箱；

停电操作顺序：开关箱—分配电箱—总配电箱；

出现电气故障的紧急情况除外。

配电箱正常情况下不应带负荷停电，有紧急情况出现时，可带负荷断开电源；停用时应先停负荷，后断开隔离开关，取下熔断器，并上锁。

（9）电气设备应有明显的通、断电标识，停用的电气设备应切断电源。

（10）总配电箱正常工作时应加锁，开关箱正常工作时不得加锁。施工现场停止作业 1h 以上时，应将动力开关箱断电上锁。

总配电箱正常工作时应加锁

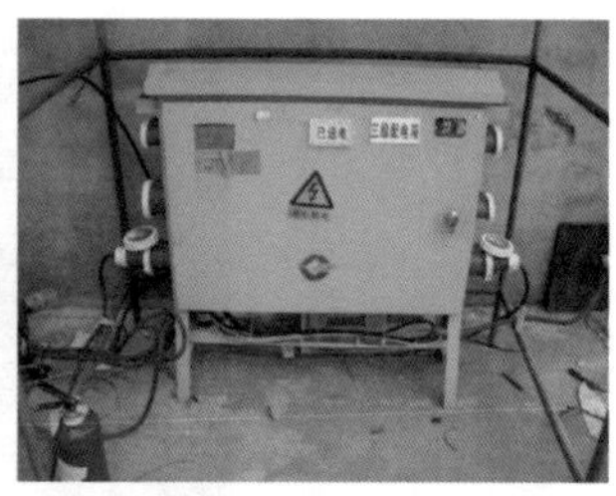

开关箱工作时不得上锁

（11）配电箱发生火灾时，应切断电源，用干粉灭火器、二氧化碳灭火器或干砂土扑救，不得用水灭火。

干粉灭火器

二氧化碳灭火器

干砂土

（12）漏电保护器每天使用前应启动试验按钮试跳一次，试跳不正常时不得继续使用；漏电保护器应用专用仪器检测其特性，且每月不应少于1次，发现问题应及时修理或更换。

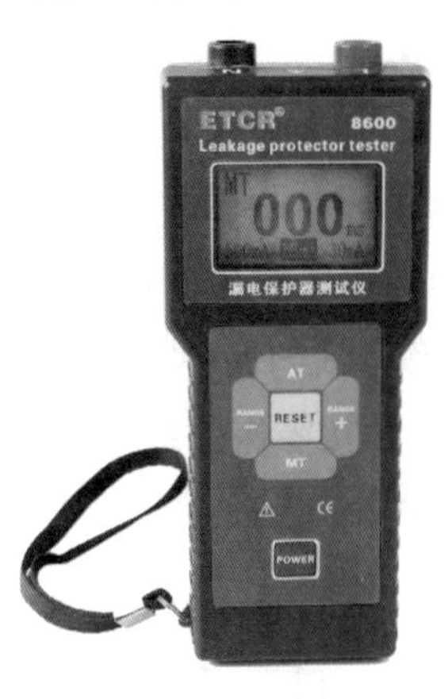

和工作零线接线均不得超过两根。

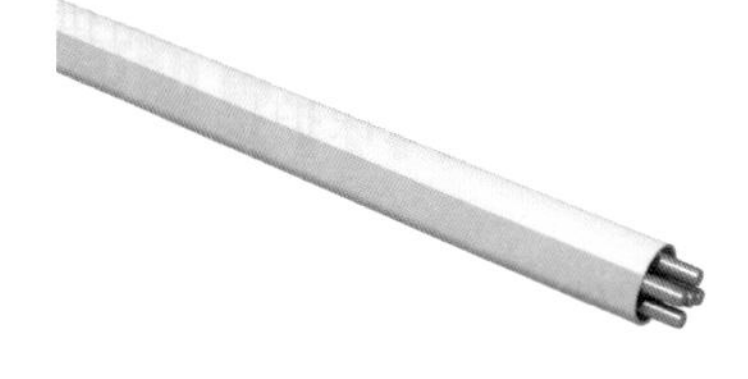

⊘违章案例

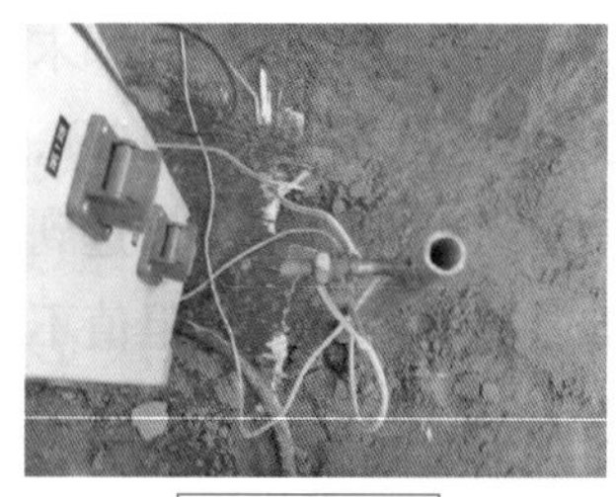

保护零线虚接

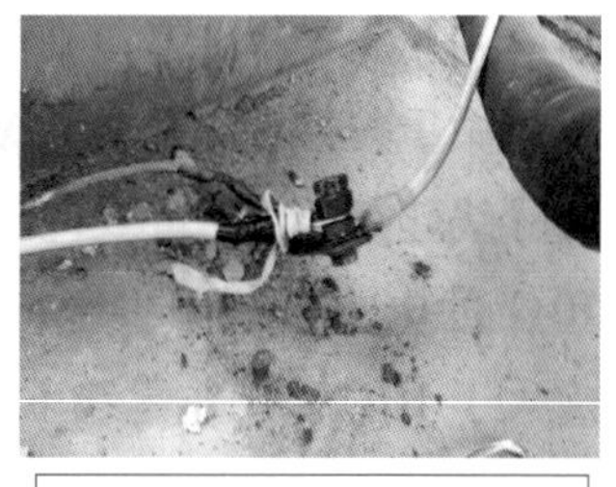

一根螺栓上接两根以上保护零线

（6）保护零线所用材质与相线、工作零线相同时，其最小截面应符合规定。

相线芯线截面 S/mm^2	PE 线最小截面 $/mm^2$
$S \leqslant 16$	5
$16 < S \leqslant 35$	16
$S > 35$	$S/2$

（7）用电设备的保护零线不得串联。

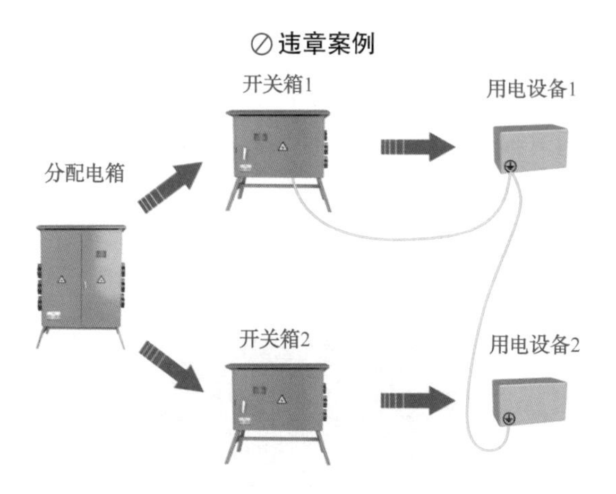

5.2 接零保护

下列电气设备及设施的外露可导电部分，应做接零保护：

（1）发电机、电动机、电焊机、变压器的金属外壳；

（2）电气设备传动装置的金属底座或外壳；

（3）配电装置的金属箱体、框架及靠近带电部分的金属围栏和金属门；

（4）互感器二次绕组的一端；

（5）电缆的金属外皮和铠装、穿线金属保护管、敷线的钢索、吊车的底座和轨道、提升机的金属构架、滑升模板金属操作平台等；

（6）架空线路的金属杆塔；

（7）金属结构的办公室及工具间。

⊘ **违章案例**

夯土机未保护接零

清洗机使用卡钳连接系统接地

5.3 接地体

（1）接地体应采用角钢、钢管或圆钢，不得采用螺纹钢做接地装置（用作人工接地体材料的最小规格尺寸为：角钢板厚不小于 4mm，钢管壁厚不小于 3.5mm，圆钢直径不小于 10mm）。

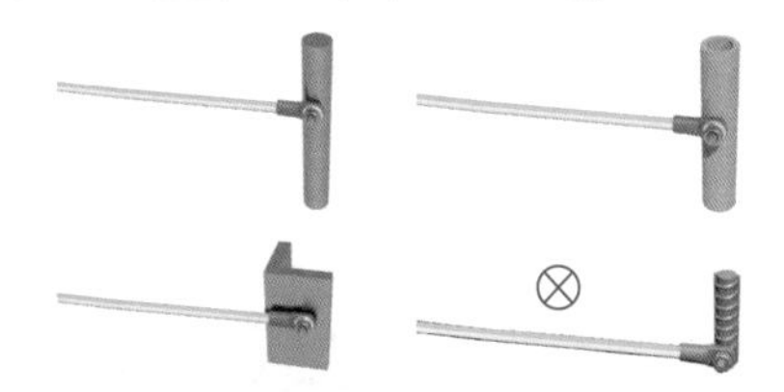

（2）接地线与垂直接地体连接方法可采用焊接、压接或螺栓连接，螺栓连接应用镀锌螺栓并有镀锌平垫及弹簧垫，螺栓不得埋入地面下。

标准化案例

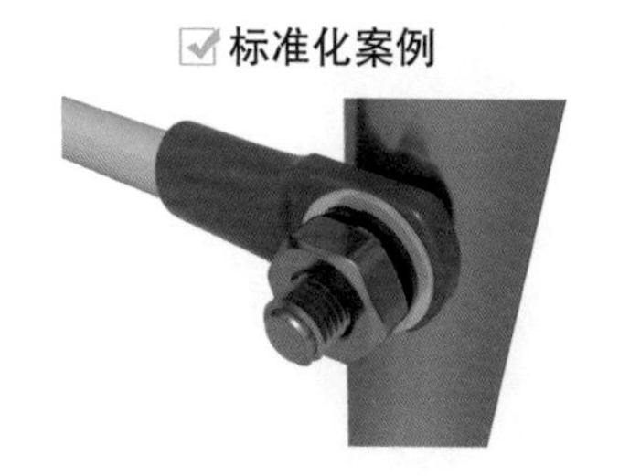

违章案例

未采用接线鼻连接

5.4 防雷

（1）施工现场内的起重机、井字架、龙门架等机械设备，以及钢脚手架和正在施工的在建工程等的金属结构，当在相邻建筑物、构筑物等设施的防雷装置接闪器的保护范围以外时，应安装防雷装置。

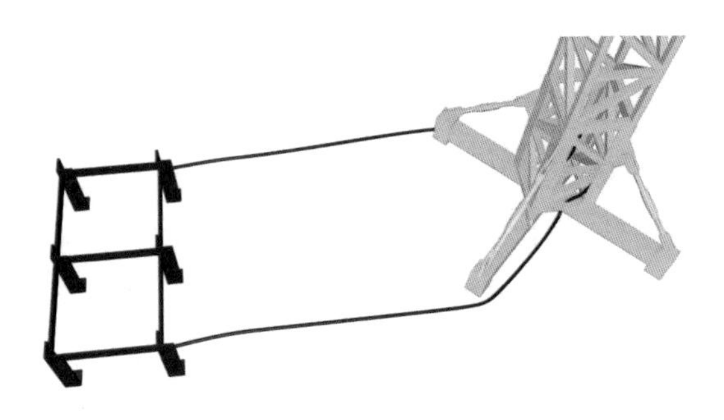

（2）当最高机械设备上的避雷针（接闪器）的保护范围能覆盖其他设备，且又最后退出现场，则其他设备可不设防雷装置。

（3）施工现场内所有防雷装置的冲击接地电阻值不得大于30Ω。除独立避雷针，在接地电阻符合要求的前提下，防雷接地装置可以和其他接地装置共用。

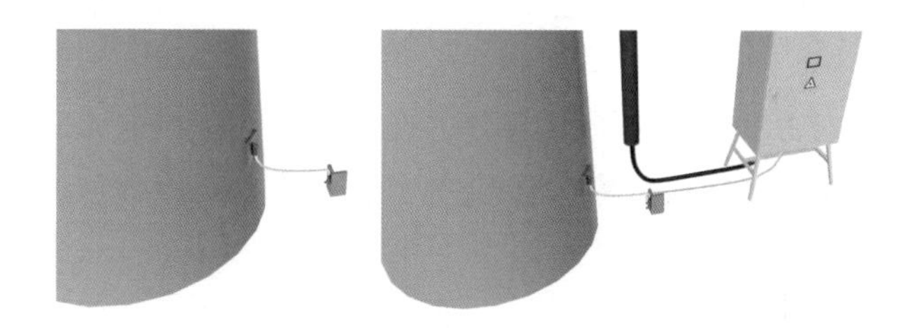

6 电动施工机械和手持式电动工具

6.1 一般规定

（1）施工现场中电动建筑机械和手持式电工工具应建立和执行专人专机负责制，并定期检查和维修保养。

（2）负荷线电缆芯线数应根据负荷及其控制电气的相数和线数确定：三相四线时，应选用五芯电缆；三相三线时，应选用四芯电缆；当三相用电设备中配置有单相用电器具时，应选用五芯电缆；单相二线时，应选用三芯电缆。

6.2 电动施工机械

6.2.1 焊接机械

（1）电焊机应放置在干燥、防雨且通风良好的机棚内，电焊机的外壳应接地良好，焊机应采取防雨雪措施。

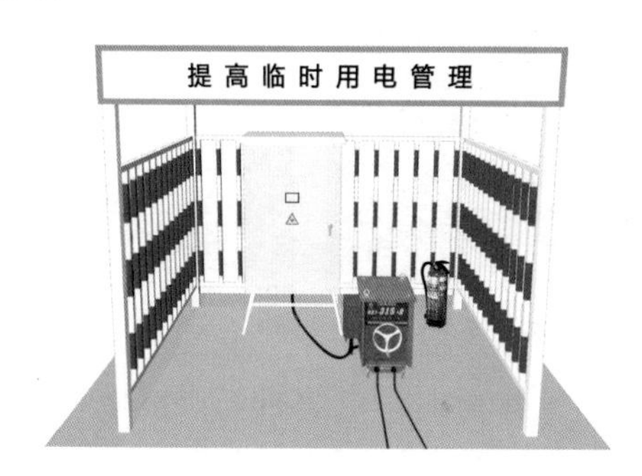

（2）交流弧焊机变压器的一次侧电源线长度不应大于 5m，其电源进线处必须设置防护罩。电焊机械的二次线应采用防水橡皮护套铜芯软电缆，电缆长度不应大于 30m，不得采用金属构件或结构钢筋代替二次线的地线。

标准化案例

⊘违章案例

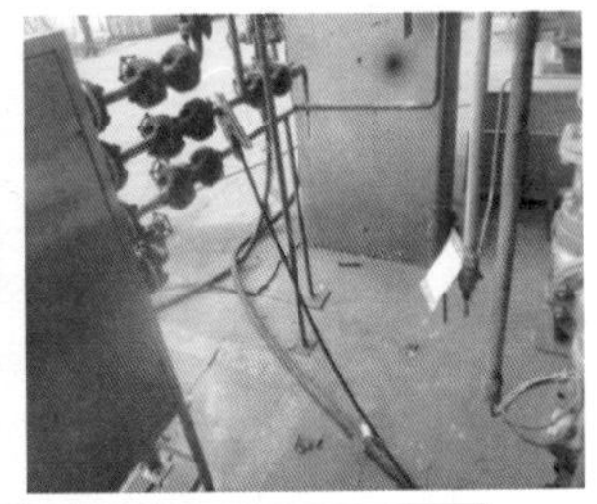

电焊机二次线连接在装置开关控制柜接地连板、工艺管道上

（3）高处作业时，电焊机二次线电缆应与脚手架绝缘并绑牢。

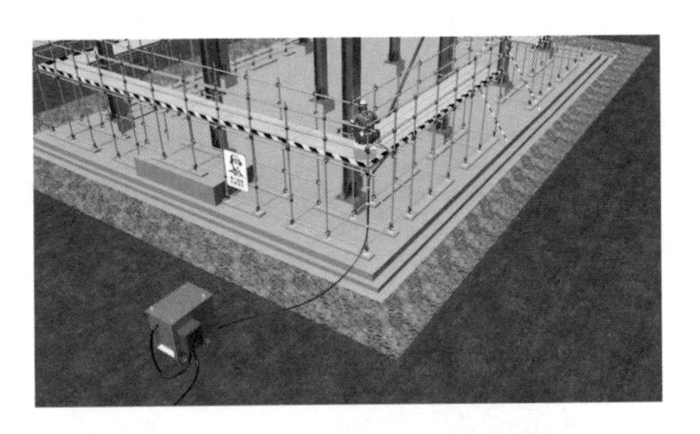

（4）交流电焊机械应配装防二次侧触电保护器。

（5）焊工应穿戴帆布手套和胶底鞋，金属容器内作业应配备保护头部和肘部的护具。

6.2.2 夯土机械

夯土机械的负荷线应采用耐气候型橡皮护套铜芯软电缆，电缆线长度不得大于50m，电缆严禁缠绕、扭结和被夯土机械跨越，PE线的连接点不得小于两处。使用夯土机械必须穿戴绝缘用品，操作把手必须绝缘。

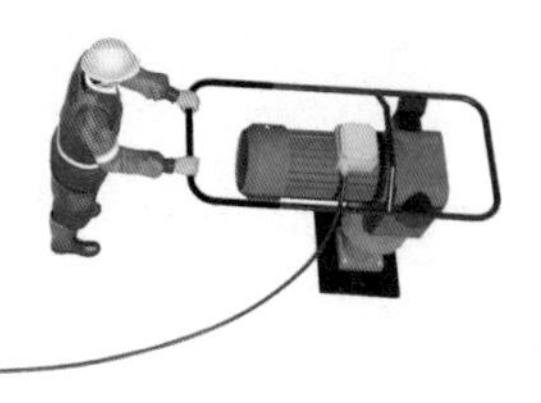

6.2.3 其他电动施工机械

（1）潜水电机的负荷线应采用防水橡皮护套铜芯软电缆，长度不应小于 1.5m，且不得承受外力。

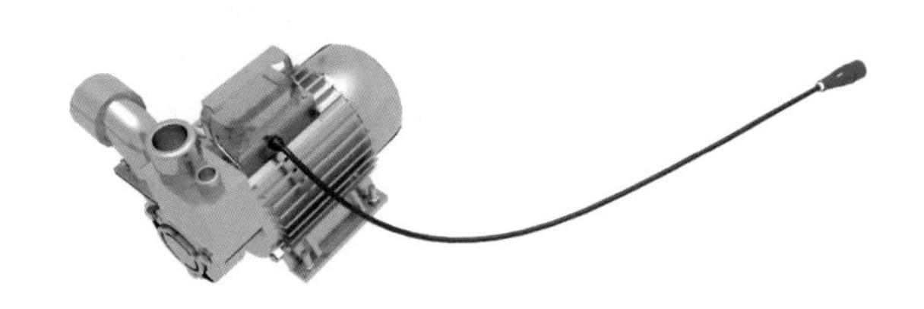

（2）正、反向运转控制装置中的控制电器应采用接触器、继电器等自动控制电器，严禁采用手动双向转换开关作为控制电器。

☑ 标准化案例

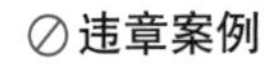

手动双向转换开关

6.3 手持电动工具

（1）使用场所

- 在一般场所，为保证使用的安全，应选用Ⅱ类工具；
- 在潮湿的场所或金属构架上等导电性能良好的作业场所，必须使用Ⅱ类或Ⅲ类工具；
- 在狭窄场所如锅炉、金属容器、管道内等，应使用Ⅲ类工具，并应有人在外面监护。

（2）手持式电动工具中的塑料外壳Ⅱ类工具和一般场所手持式电动工具中的Ⅲ类工具可不连接PE线。

（3）使用前必须做绝缘检查和空载检查，在绝缘合格、空载运转正常后方可使用，绝缘电阻应符合下表规定。

手持式电动工具绝缘电阻限值

测量部位	绝缘电阻/MΩ		
	Ⅰ类	Ⅱ类	Ⅲ类
带电零件与外壳之间	2	7	10

（4）手持式电动工具的电源线，应采用绝缘橡皮护套铜芯软电缆；电缆应避开热源，并应采取防止机械损伤的措施。

（5）手持式电动工具的外壳、手柄、插头、开关、负荷线等必须完好无损。

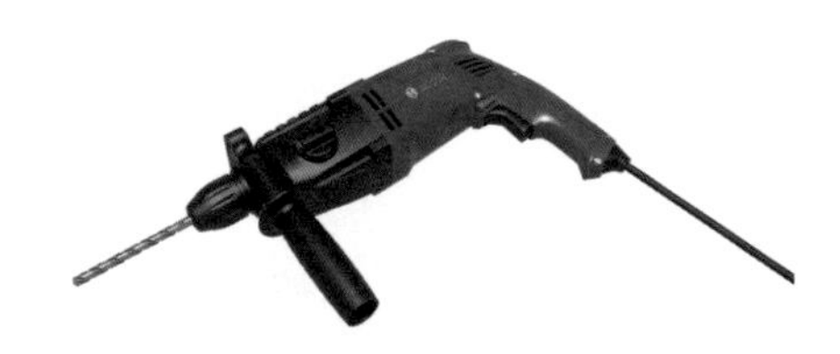

（6）使用手持式电动工具时，必须按规定穿戴绝缘防护用品。

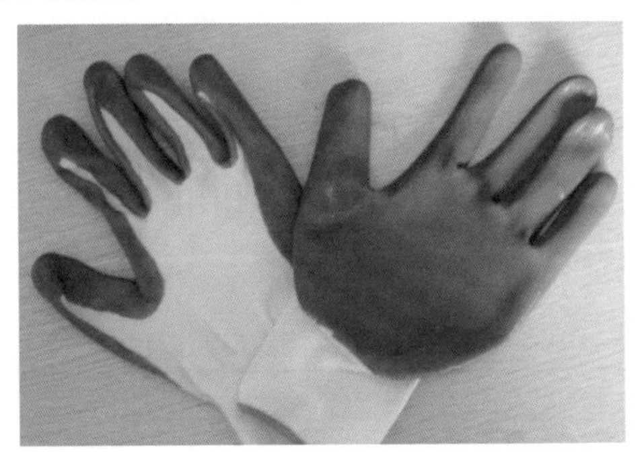

7 照明

7.1　一般规定

（1）现场照明应采用高光效、长寿命的照明光源；对需大面积照明的场所，应采用高压汞灯、高压钠灯或混光用的卤钨灯等。

现场高点设置高压汞灯

（2）现场严禁使用开启式不防水的碘钨灯及无防护罩的移动灯具。

⊘违章案例

开放式碘钨灯

无防护罩的移动灯具

（3）大型工业炉辐射室、大型储罐内的工作照明可采用 1∶1 隔离变压器供电。

（4）隔离变压器开关箱中必须装设漏电保护器。

（5）灯具电源线必须用橡胶软电缆，穿过孔洞、管口处应设绝缘保护套管。灯具应固定装设，不得移动使用，其位置应为施工人员不易接触到的地方，严禁将 220V 的固定灯具作为行灯使用。灯具必须有保护罩，严禁使用接线裸露的照明灯具。

☑ 标准化案例

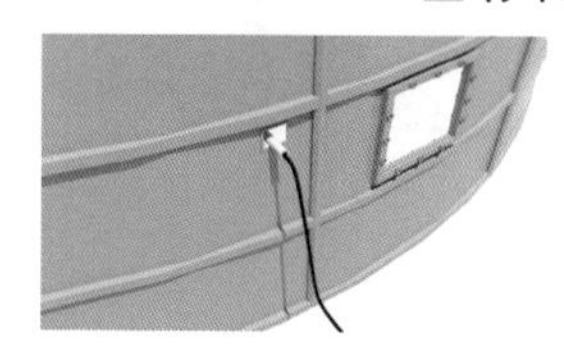

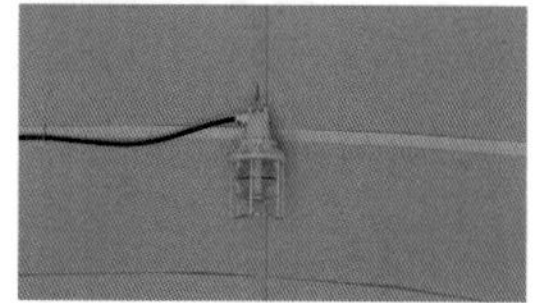

7.2 行灯照明

（1）行灯照明应使用安全特低电压，行灯电源电压不大于 36V；潮湿和易触及带电体场所的照明，行灯电压不得大于 24V；在特别潮湿场所、受限空间内，行灯电压不得大于 12 V。

☑ 标准化案例

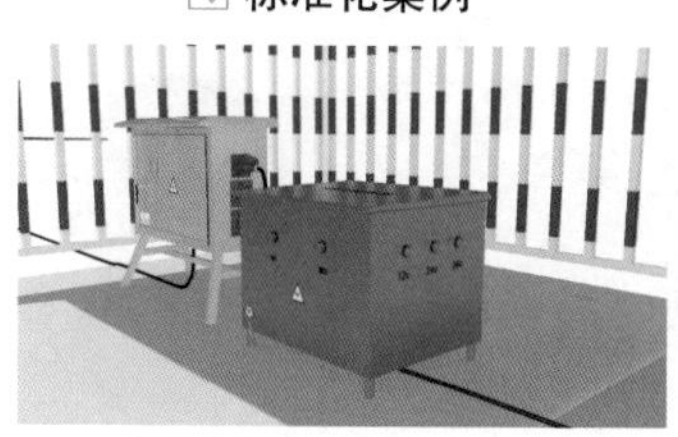

⊘ 违章案例

潮湿场所使用 36V 电源

（2）行灯手柄绝缘应良好，电源线应使用橡胶软电缆，灯泡外部应有金属保护罩。

（3）行灯变压器必须采用安全隔离变压器，严禁使用普通变压器和自耦变压器。安全隔离变压器的外露可导电部分应与 PE 线相连做接零保护，二次绕组的一端严禁接地或接零。行灯的外露可导电部分严禁直接接地或接零。行灯变压器必须有防水措施，并不得带入受限空间内使用。

☑ 标准化案例

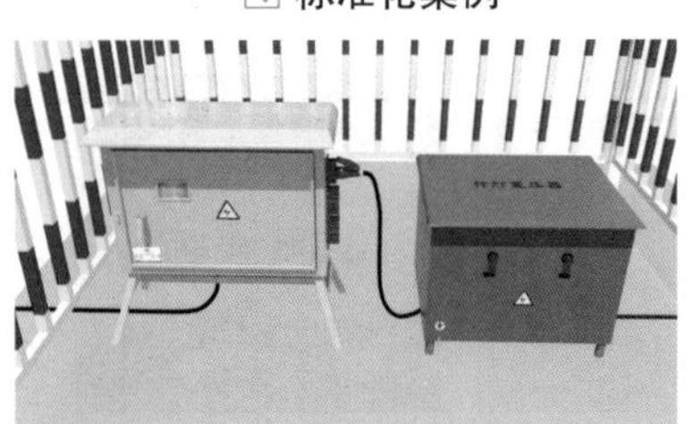

⊘ 违章案例

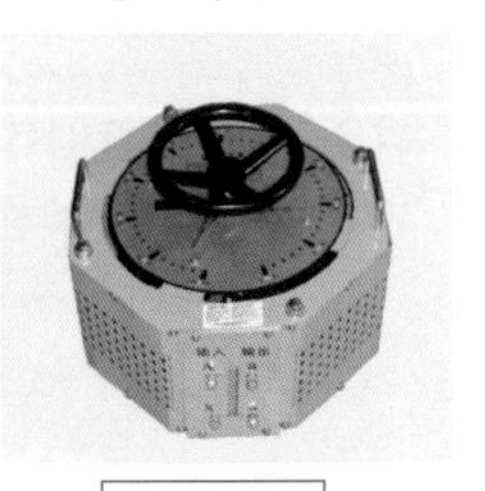

自耦变压器

7.3 照明装置

（1）照明灯具的金属外壳必须与PE线相连接，照明开关箱内必须装设隔离开关、短路与过载保护电器和漏电保护器。

照明开关箱

（2）室外220V灯具距地面高度不得低于3m，室内220V灯具距地面高度不得低于2.5m。

（3）普通灯具与易燃物距离不宜小于300mm；聚光灯、碘钨灯等高热灯具与易燃物距离不宜小于500mm，且不得直接照射易燃物。

（4）夜间影响行人、车辆、飞机等安全通行的施工部位或设施、设备，应设置红色警戒标志灯。